シン・動物ガチンコ対決
毒牙一撃 ガラガラヘビ VS 強蹴百発 ヘビクイワシ

2023年 2月 28日　初版第1刷発行

著／ジェリー・パロッタ
絵／ロブ・ボルスター
訳／大西 昧

発行者／西村保彦
発行所／鈴木出版株式会社
〒101-0051
東京都千代田区神田神保町2-3-1 岩波書店アネックスビル5F
電話／03-6272-8001
FAX／03-6272-8016
振替／00110-0-34090
ホームページ　http://www.suzuki-syuppan.co.jp/

印刷／株式会社ウイル・コーポレーション

ブックデザイン／宮下 豊

Japanese text © Mai Oonishi, 2023　Printed in Japan
ISBN978-4-7902-3396-1 C8345 NDC487／32P／30.3×20.3cm
乱丁・落丁本は送料小社負担でお取り替えいたします。

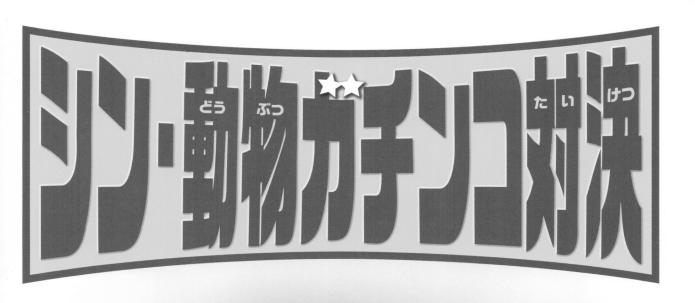

シン・動物ガチンコ対決

毒牙一撃
ガラガラヘビ

VS

強蹴百発
ヘビクイワシ

ジェリー・パロッタ 著
ロブ・ボルスター 絵
大西 晄 訳

すずき出版

The publisher would like to thank the following for their
kind permission to use their photographs in this book:
4 center bottom: Claire Fulton/Dreamstime; 4 top: Brent Flint/Dreamstime;
4 center top: dfikar/Fotolia; 4 bottom: lucaar/Fotolia; 5 center top: Mike Neale/Dreamstime;
5 top: 7activestudio/Fotolia; 5 bottom: gregg williams/Fotolia; 5 center bottom:
betweenthelines/Fotolia; 6: Audrey Snider-Bell/Shutterstock, Inc.;
12: Courtesy Kyle Shepherd/Louisville Zoo; 13: Dan Porges; 18: John Cancalosi/Media Bakery;
19: Todd Gustafson/Panoramic Images; 20 center: Don Juan Moore/AP Images;
21 bottom left: Robertosch/Dreamstime; 21 bottom right: Robertosch/Dreamtime

危険！入る べからず！

本の虫、グレース・スティーブンソンへ。──J．P．

学びの虫、チャーリー、エディー、ボビー・D、テッドへ。──R．B．

【もくじ】

もしも、ガラガラヘビと鳥が対決するとしたら、どんな戦いになるでしょう。どの鳥が代表にふさわしいでしょう。

猛禽類

ミサゴはどうでしょう。ミサゴは、タカのなかまです。海や川、湖の岸辺にすんでいて、するどいかぎ爪で魚をつかまえます。

ミサゴのひみつ
ミサゴは、魚が好物なので、「ウオタカ」ともよばれるよ。

ハクトウワシはどうでしょう。ハクトウワシは、アメリカのシンボル、国鳥です。

猛禽類
ほかの鳥や小さな動物をとらえて食べる（または死んだ動物を食べる）鳥類のこと。

知ってる？
ハクトウワシは、アメリカの1ドル紙幣にも描かれているんだよ。

メンフクロウはどうでしょう。メンフクロウは夜行性で、ネズミやトカゲ、コウモリなど、小さな動物をつかまえて食べます。

羽のひみつ
メンフクロウは、音を立てずに飛びまわれる羽をもってるんだ。

ハゲワシはどうでしょう。美しいとは思えないすがたをしています。ハゲワシは腐肉食です。

腐肉食
おもに死んだ動物の肉を食べること。屍肉食ともいうよ。

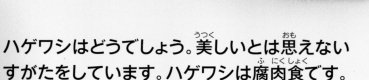

そのほかの鳥

クジャクはどうでしょう。なんてきれいな飾り羽でしょう。
クジャクはキジのなかまです。

飾り羽のひみつ
飾り羽はオスにしかないよ。

シチメンチョウはどうでしょう。
頭や首の露出した皮ふの色が、
興奮すると赤や紫に変化します。

カナダヅルはどうでしょう。
羽の生えた恐竜みたいですね。

鳴き声のひみつ
カナダヅルの鳴き声はよく響くんだ。
かなり遠くからでも聞こえるよ。

ハチドリはどうでしょう。小さすぎますね。

知ってる？
ハチドリの卵の大きさは、
おはじきくらいだよ。

どの鳥も、ガラガラヘビの対戦相手としては決め手にかけますね！では、書記官鳥は
どうでしょう。へんな名前ですね。もうすぐ会えますよ。

ガラガラヘビについて知ろう

この本に登場するガラガラヘビは、ニシダイヤガラガラヘビです。北アメリカにいる毒ヘビで、学名は、「クロタルス・アトロクス」。「おそろしいラトル（ここではガラガラと鳴る尾のこと）」という意味です。

音のひみつ
ガラガラヘビの尾の先は、脱皮をするたびに古い殻が少しずつ重なっていって、ふるわせると、ガラガラと音が出るんだよ（→16ページ）。

毒ヘビ
毒牙をもつヘビのことで、かんだ相手に毒を注入するんだ。

ガラガラヘビのなかまは、種類ごとにうろこのもようがちがいます。ダイヤガラガラヘビは、ダイヤモンドのようなもようがあります。

ヘビクイワシについて知ろう

書記官鳥とは、ヘビクイワシの別名です。ヘビクイワシは、アフリカにすむ鳥類です。学名は「サギタリウス・セルペンタリウス」といいます。地上を歩きまわって、小さな動物をつかまえて食べますが、毒ヘビも餌にしています。

鳥類
前肢が翼になっている動物のことだよ。

学名のひみつ
ヘビクイワシの学名は、2つの星座の名前がつけられているんだよ。「サギタリウス」は射手座で、頭の後ろの黒い羽が矢の羽根のように見えることからついたんだ。「セルペンタリウス」は、へびつかい座のことだよ。

星座
いくつかの星をむすんで、人や動物などになぞらえたもの。

ヘビクイワシの別名、書記官鳥の書記とは、記録する役目のことです。頭の後ろに羽根ペンをたくさんさしているように見えることからつけられた名前です。

ガラガラヘビの長さ

ニシダイヤガラガラヘビは、成長すると、最大で約2.1メートルにもなります。下の図は
バスケットボール選手とニシダイヤガラガラヘビのシルエットです。

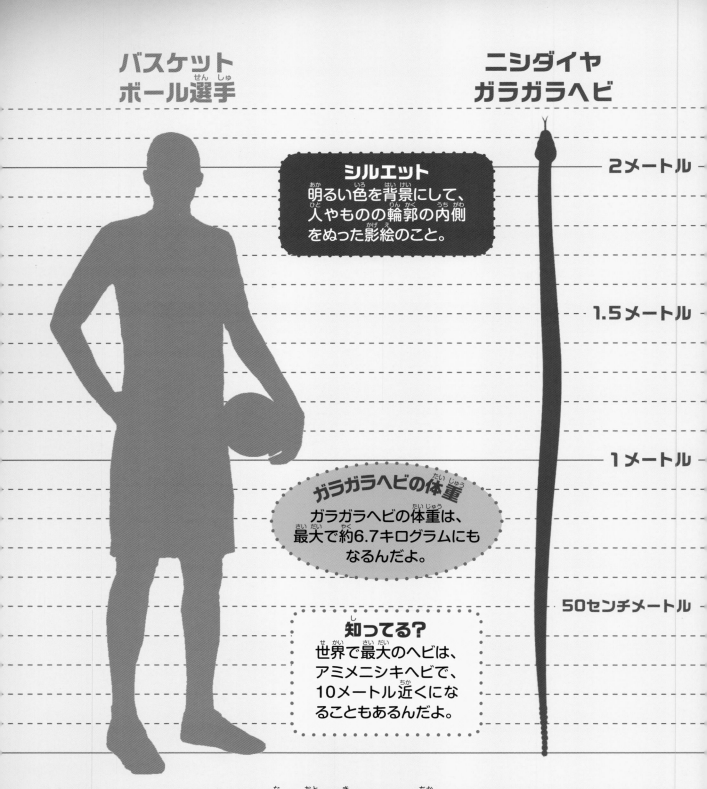

バスケット
ボール選手

ニシダイヤ
ガラガラヘビ

シルエット
明るい色を背景にして、
人やものの輪郭の内側
をぬった影絵のこと。

2メートル

1.5メートル

ガラガラヘビの体重
ガラガラヘビの体重は、
最大で約6.7キログラムにも
なるんだよ。

1メートル

50センチメートル

知ってる?
世界で最大のヘビは、
アミメニシキヘビで、
10メートル近くにな
ることもあるんだよ。

もし、ガラガラとけたたましく鳴る音を聞いたら、近づいてはいけません。ガラガラヘ
ビは、世界最大のヘビではありませんが、かまれたら死ぬこともある、毒ヘビです。

ヘビクイワシの身長

ヘビクイワシは、鳥類としてはかなり背の高いほうです。大きいものは1.2メートル以上になります。たいていの5歳児よりも背が高いです。

地球上最大だった鳥

地球にいたことがわかっているもっとも大きな鳥は、モアだよ。3メートル以上あるものもいたけれど、絶滅してしまったんだ。

― 2メートル ―

絶滅

数がへっていき、つぎの世代をのこすことができなくなって、地球からすがたが消えてしまうこと。

― 1.5メートル ―

ヘビクイワシ

5歳の子どもの
平均身長

― 1メートル ―

いちばん背の高い鳥

いま地球にすんでいるいちばん背の高い鳥は、ダチョウだよ。成長すると約2.7メートルにもなるよ。

― 50センチメートル ―

ヘビクイワシの体重

ヘビクイワシの体重は、最大で4キログラム以上になるよ。

ヘビクイワシの身長の大部分は、脚なのです。なんて長くて細い脚でしょう！

ガラガラヘビは、は虫類

は虫類は、まわりの温度によって体温が変わってしまう脊椎動物で、からだはかわいたうろこや、かたい骨板（板のような骨）におおわれています。おもなは虫類としては、ヘビ、トカゲ、ワニ、カメなどがいます。

脊椎動物
脊髄をもち、それをまもる脊椎を
からだの軸にしている動物。

知ってる？
ほとんどのは虫類は、卵を産むよ。

知ってる？
ヘビにはうろこがあるよ。

ヘビの舌は変わっています。舌が二またのフォークのようなかたちをしているのです。味だけじゃなく、においや温度なども、舌で感じとることができます。

ヘビクイワシは、鳥類

鳥類は、自分で体温調節ができ、前肢が翼に変化した脊椎動物です。からだは羽毛でおおわれ、脚はうろこ状のものでおおわれていて、くちばしがあります。

空を飛べない鳥

キーウィ、ペンギン、フクロウオウム、ニワトリ、ダチョウ、エミュー、ヒクイドリ、ヤンバルクイナ、レアなど、空を飛べないか、ほとんど飛べない鳥もいるよ。

舌のひみつ

ヘビクイワシの舌は、ガラガラヘビみたいに特別なところはないよ。

知ってる？

鳥類のくちばしは、歯はついていないよ。

ガラガラヘビの骨

これはガラガラヘビの骨格です。頭から尾まで肋骨（あばら骨）がずーっとつづいています。

ヒトの骨のひみつ
ヒトには、約33の背骨の骨（椎骨）と、左右に12ずつ肋骨があるよ。

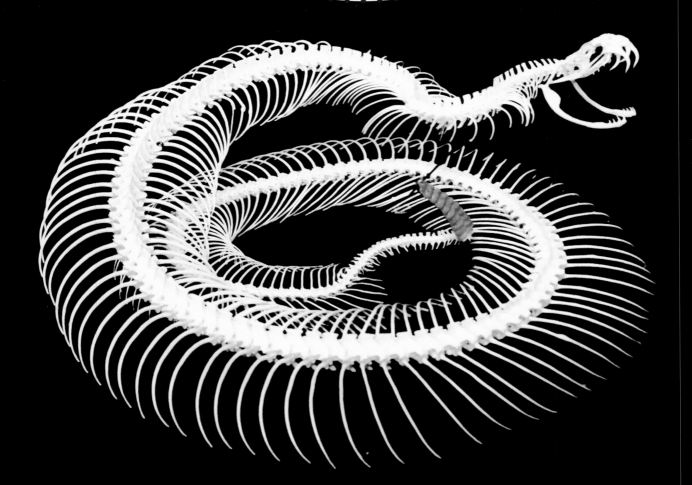

ガラガラヘビの骨のひみつ
ガラガラヘビには、200〜400くらいの椎骨と、左右に同じ数だけ肋骨があるんだよ。

知ってる？
ほとんどのヘビは、牙をもっているよ。

ヘビクイワシの骨

これはヘビクイワシの骨格です。恐竜ににていると思いませんか。

ニックネームのひみつ

ヘビクイワシは、アフリカン・マーチング・イーグル（アフリカの行進するワシ）、ヘビワシ、デビル・ホース（悪魔の馬）などのニックネームでよばれることもあるよ。

知ってる？

写真を見ると、ひざが後ろに曲がっているようだけれど、これはかかとなんだよ。

ニシダイヤガラガラヘビはどこにすんでいる?

ニシダイヤガラガラヘビは北アメリカにすんでいます。

アメリカ

メキシコ

ニシダイヤガラガラヘビが
すんでいるところ

知ってる?
アメリカでは、「ガラガラヘビ狩り」
とよばれる、ガラガラヘビを捕獲する
イベントがひらかれているよ。

世界地図

ヘビクイワシはどこにすんでいる？

ヘビクイワシは、アフリカの草の多い平原やサバナ（サバンナ）にすんでいます。

サバナ
熱帯、亜熱帯の、木がまばらに生える草原のこと。

知ってる？
ヘビクイワシは、つがいか、少数の家族で生活することが多いんだよ。

アフリカ

ヘビクイワシが
すんでいるところ

ニシダイヤガラガラヘビとヘビクイワシは、すむところがちがうので、出会うことは現実にはありません。この本のなかで出会わせてみましょう。

世界地図

ラトル〔ガラガラ〕

ガラガラヘビの特徴は、なんといってもラトル（ガラガラ）です。

ラトル
ふるとガラガラと音が出る
部分のことをラトルというよ。ラトルは、
尾の先についているんだ。

音のひみつ
ガラガラヘビは、戦いを好むタイプの
ヘビじゃないよ。ガラガラという音を
立てるのは、近寄るな！と警告して
いるんだよ。

ガラガラヘビは皮が古くなると脱皮をします。そのとき、古い皮が尾の先に少しずつ
のこって、ラトルができます。ラトルは、脱皮をするたびにふえていき、大きな音が出る
ようになりますが、ある程度たまると、先のほうからとれます。

長い脚

ヘビクイワシの特徴は、なんといっても脚です。猛禽類のなかでいちばん長い脚をしています。細すぎるために、ヘビもうまくかみつけません。蹴る力もものすごいので、危険から身をまもれるし、獲物をつかまえるときの武器になります。

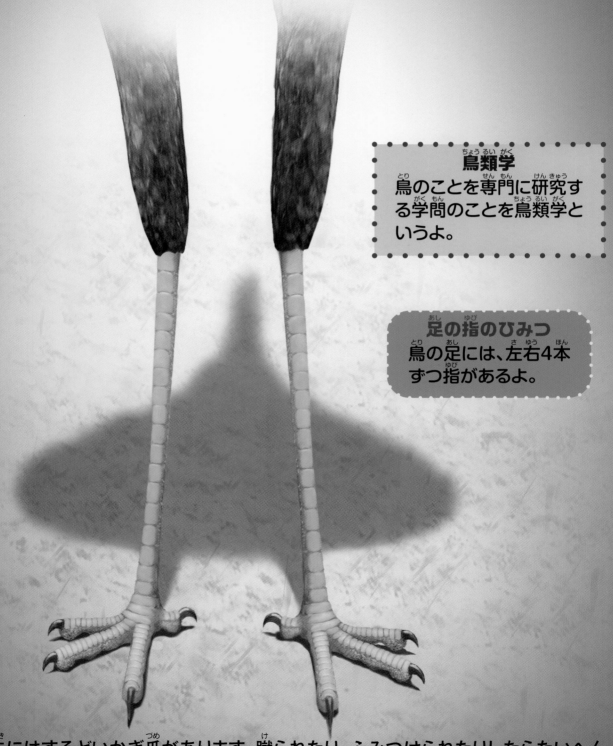

鳥類学
鳥のことを専門に研究する学問のことを鳥類学というよ。

足の指のひみつ
鳥の足には、左右4本ずつ指があるよ。

足の先にはするどいかぎ爪があります。蹴られたり、ふみつけられたりしたらたいへんです！ ヘビクイワシは巨大なガラガラヘビだって蹴り飛ばします。

ガラガラヘビの食べものと寿命

ガラガラヘビの好物は小さなほ乳類です。このガラガラヘビはネズミを食べています。

ガラガラヘビは、ウサギ、ネズミ、リス、プレーリードッグ、ハムスターなどを食べます。

食べかたのひみつ
ヘビは、食べるときにかまないんだ。丸のみにするよ。

**野生の
ガラガラヘビの
寿命**

| 1 | 2 | 3 | 4 | 5 | 6 | 7 | 8 | 9 | 10 | 11 | 12 | 13 | 14 | 15 | 16 | 17 | 18 | 19 | 20 |

年

ガラガラヘビは、人間を食べものだとは思っていません。大きすぎて丸のみできないからです。丸のみさえできれば、カエルや鳥、トカゲ、ほかのヘビも食べます。

18

ヘビクイワシの食べものと寿命

ヘビクイワシは、ヘビやトカゲを食べます。ヘビを見つけると、するどいかぎ爪の足で蹴りまくります。とがったくちばしもつかい、完全に動かなくなるまで徹底的に攻撃します。

ヘビクイワシがトカゲを生きたまま丸のみにしているところです。おいしそうに食べています。ヘビクイワシにとっては、ごちそうです！

野生の
ヘビクイワシの
寿命

| 1 | 2 | 3 | 4 | 5 | 6 | 7 | 8 | 9 | 10 | 11 | 12 | 13 | 14 | 15 | 16 | 17 | 18 | 19 | 20 |

年

知ってる？
ヘビクイワシは、からだがまだ小さいうちは、
昆虫を食べるんだよ。

19

名前にガラガラヘビ

アメリカの野球のメジャーリーグには、ガラガラヘビの強さにあやかって名前をつけたチームがあります。アリゾナ・ダイヤモンドバックスです。アリゾナに広くすんでいるダイヤガラガラヘビの名前がもとになっています。

皮ふのひみつ
ヘビのからだの表面は、油をぬったみたいにヌルヌルしているように見えるけれど、うろこでおおわれているので、カサカサなんだよ。

大学アメリカン・フットボールのチーム、フロリダ A&M ラトラーズのヘルメットには強そうなガラガラヘビが描かれています。「ラトラーズ」は、「ガラガラヘビ軍」という意味です。

オフィオロジスト
ヘビのことを研究する学者のことを、「オフィオロジスト（ヘビ科学者）」というよ。

なにゆえ、わたしはこわがられるのだろうか？

図柄にヘビクイワシ

ヘビクイワシという名前も、書記官鳥という名前も、この鳥の蹴る力を考えたら、ものたりません。「サッカー・バード」という名前のほうがぴったりです。

ヘディングだって
まかせとけ！

知ってる？
顔はワシで、脚はコウノトリ。そして、トカゲやヘビを食べる。―― ヘビクイワシはほんとうにユニークな鳥なんだ。

ヘビクイワシは、スーダンでは国章（国を代表する図柄）に描かれています。南アフリカの紋章（家や団体のしるし）にもヘビクイワシが描かれているものがあります。

スーダン　　　**南アフリカ**

ガラガラヘビのスピード

ニシダイヤガラガラヘビが地をはって移動するスピードは、時速約3〜5キロメートル。人間が歩くくらいの速さです。

通常時速
約
5
キロメートル

巣あなのひみつ（1）
ガラガラヘビは、危険から身をまもったりするために、地中にあなをほるんだ。ヘビの巣あなっていうよ。

巣あなのひみつ（2）
ヘビの巣あなに、1匹ですむヘビもいるし、集団ですむヘビもいるよ。

地中にひそむ

知ってる？
ひとつの巣あなに、100匹以上のヘビがうじゃうじゃいたって話もあるよ。

ヘビクイワシのスピード

ヘビクイワシは走るのが速い鳥ですが、飛んだり走ったりするよりも、時速3キロメートルくらいで歩きまわって獲物をさがします。獲物を見つけると、猛スピードで襲いかかります。

通常時速
約
3
キロメートル

知ってる?
ヘビクイワシはちゃんと飛べるよ。でも飛びたつにはちょっと時間がかかるんだ。

高い木の上で眠る

夜になると、ヘビクイワシはアカシアの木のてっぺんまで飛んでいきます。そこなら、ライオンもハイエナもジャッカルものぼってくることはできません。眠っても安全です。

23

ガラガラヘビの武器

ガラガラヘビの武器は、牙と毒です。牙はストローのようになかが空洞になっています。ガラガラヘビは相手にかみつき、牙から毒を流しこみます。

毒のひみつ
ガラガラヘビの毒は出血毒といって、かまれて放置すると死んでしまうこともあるんだよ。

ガラガラヘビの攻撃スピードは、まばたきするより速いよ。

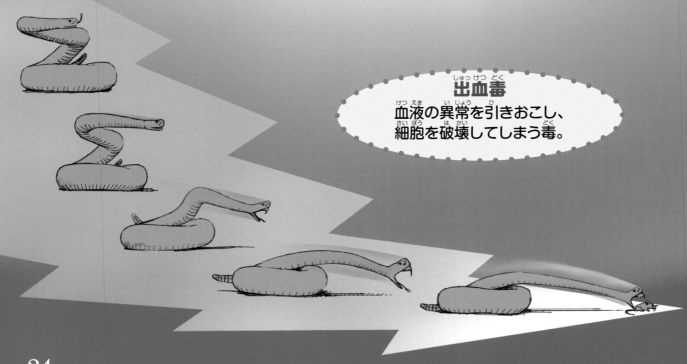

出血毒
血液の異常を引きおこし、細胞を破壊してしまう毒。

ヘビクイワシの武器

ヘビクイワシには、強力な武器が4つあります。空を飛べること。強じんな脚力。するどいくちばし。かぎ爪です。

ヘビクイワシは、獲物を見つけると、かぎ爪のついた足でふみつけ、くちばしでつつきまわし、強烈な蹴りで相手をノックアウトします。

25

さあ、ここからはガチンコ対決だよ！

ヘビクイワシが、狩りに出ようと、アカシアの木の上にとまり、あたりを油断なく見まわしていました。自然界で警戒をおこたったら、たちまち、食う側から、食われる側になってしまうのです。ヘビクイワシは、食べものをさがして地上を見下ろし、飛びたちました。

ガラガラヘビは、安全な巣あなのなかにいましたが、腹がへってきたので、頭を出して外をのぞきました。

うまそうなネズミなどがいないかと、舌をチロチロさせているガラガラヘビを、ヘビクイワシは見のがしませんでした。さっと舞いおりると、ヘビの頭をふみつぶそうと足をつきだしました。

痛っ！ガラガラヘビは、間一髪のところでからだをくねらせ、巣あなにもぐりこみました。

27

地上におりたヘビクイワシは、ふたたび飛びたつことなく、そのままあたりを見まわしました。もちろん飛ぶこともできますが、地上での狩りはとくいなのです。ヘビはどこにいったのでしょう。ガラガラヘビは、ヘビクイワシからすがたをかくし、巣あなにほったひみつの抜け道をつかうことにしました。

狩りのひみつ
猛禽類のほとんどは、空から獲物を襲うけれど、ヘビクイワシは地上でも狩りができるよ。

ガラガラヘビがさっきとは別のあなから出てくるのを、ヘビクイワシは音で察知し、ヘビの頭を足でまたもやふみつけました。

ガラガラヘビは、かぎ爪からすりぬけ、ヘビクイワシに飛びかかれるよう、丸まって防御の体勢をとりました。けれども、長い脚の上にあるヘビクイワシの胴体まで、ガラガラヘビの牙は届きません。せめて、足先に毒牙をつきたてようとしましたが、ヘビクイワシは、ダンスでもするように距離をとります。

ガラガラヘビは、稲妻のような攻撃をくりかえします。危ない！毒牙にかまれたらそこで終わりです。ヘビクイワシは、すきを見せないようにしながら、ガラガラヘビをキックしました。バシッ！ヘビクイワシは、するどいかぎ爪もつかい、ヘビをふみつけます。

そしてまた、バシッ！ヘビクイワシはガラガラヘビを蹴りあげ、
ガラガラヘビは、宙を舞いました。

ガラガラヘビは地面にドサッと落ちました。もう食事どころではありません。けんめいに巣あなに逃げこもうとします。

身をくねらせて、地面をはっていくヘビを、ヘビクイワシはくりかえし蹴りつけます。バシッ！ビシッ！バシッ！ヘビクイワシは、蹴りつづけるだけでなく、くちばしでヘビの頭をつつきまわします。ガラガラヘビは、もう、全身傷だらけです。

知ってる？
ヘビクイワシは、獲物をふみつけているとき、翼を広げてバランスをとるよ。

ドスッ！ヘビクイワシが、もう一度蹴りを入れると、とうとうガラガラヘビは動かなくなりました。

戦いは終わりました。ヘビクイワシは、ガラガラヘビをのこらずたいらげました。

31

どっちが強い？
チェックリスト

ガラガラヘビ		ヘビクイワシ
☐	からだの大きさ	☐
☐	毒	☐
☐	かぎ爪	☐
☐	脚力	☐
☐	飛行	☐
☐	スピード	☐
☐	尾	☐
☐	？	☐

もし、ガラガラヘビとヘビクイワシが戦ったら……。今回とはちがう戦いになることも あるでしょう。みなさんなら、どんな対決になると思いますか。上のチェックリストを参考 に、くらべてみたい項目をふやして、みなさん自身で対決ドラマをつくってみましょう。 もう一度この本を読みかえしたり、ほかの本を調べたりしてみましょう。

さくいん

ジェリー・パロッタ　Jerry Pallotta

1953年生まれ。子どもたちに絵本を読んであげるようになったとき、ABC Bookといえば、[A]ppleからはじまり[Z]ebraで終わる本ばかりなのに退屈して絵本を自作したのをきっかけに、子どもの本の著作をはじめる。現在にいたるまでに、20冊以上のAlphabet bookをはじめ、"Who Would Win?"（本シリーズ）など、シンプルにしておもしろい自然科学の本を多数手がけ、数多くの賞を受賞している。

ロブ・ボルスター　Rob Bolster

イラストレーター。新聞や雑誌の広告の仕事をするかたわら、若い読者向けの本のイラストも数多く手がけている。マサチューセッツ州ボストン近郊在住。

大西 昧（おおにし まい）

1963年、愛媛県生まれ。東京外国語大学卒業。出版社で長年児童書の編集に携わった後、翻訳家に。主な訳書に、『ぼくはO・C・ダニエル』『世界の子どもたち（全3巻）』『おったまげクイズ500』（いずれも鈴木出版）などがある。